齐民要术

给孩子的中国古代农业百科全书

李德新 主编　懂懂鸭 编绘

童趣出版有限公司编　人民邮电出版社出版
北　京

图书在版编目（CIP）数据

齐民要术：给孩子的中国古代农业百科全书 / 李德新主编；懂懂鸭编绘；童趣出版有限公司编. -- 北京：人民邮电出版社，2025. -- ISBN 978-7-115-65858-6

Ⅰ．S-092.392

中国国家版本馆 CIP 数据核字第 2024LS6828 号

主　　编：李德新
编　　绘：懂懂鸭
责任编辑：史　妍　魏　允
责任印制：李晓敏
封面设计：韩木华
排版制作：张　晓

编　　　：童趣出版有限公司
出　　版：人民邮电出版社
地　　址：北京市丰台区成寿寺路 11 号邮电出版大厦（100164）
网　　址：www.childrenfun.com.cn

读者热线：010-81054177　　　经销电话：010-81054120

印　　刷：天津海顺印业包装有限公司
开　　本：787×1092　1/12
印　　张：9.67
字　　数：190 千字

版　　次：2025 年 2 月第 1 版 2025 年 2 月第 1 次印刷
书　　号：ISBN 978-7-115-65858-6
定　　价：128.00 元

挖掘中国传统农业的宝藏 ——画说《齐民要术》

我国是一个历史悠久的文明古国，而农耕又是中华民族文明之根。我国在近万年的农业发展中，创造了无比灿烂的农耕文化。流传千古、保存完好的古农书《齐民要术》，犹如一座规模宏大的历史博物馆，记录了我国古代精湛的农业技法与丰富的农业生产经验。《齐民要术》由北魏时期的农学家贾思勰（xié）所著，成书时间距今已有近 1500 年。《齐民要术》全书 10 卷，92 篇，共 11 万多字，在那遥远的年代能写出如此规模的巨著是绝无仅有的。

贾思勰生在孔孟之乡山东，从小博览群书，长大后曾任北魏高阳郡（今山东省临淄区或今河北省高阳东）太守。贾思勰考察过许多地方，对我国黄河中下游地区的农时节气、农业生产了如指掌，这是他能够写出这部巨著的客观基础。他

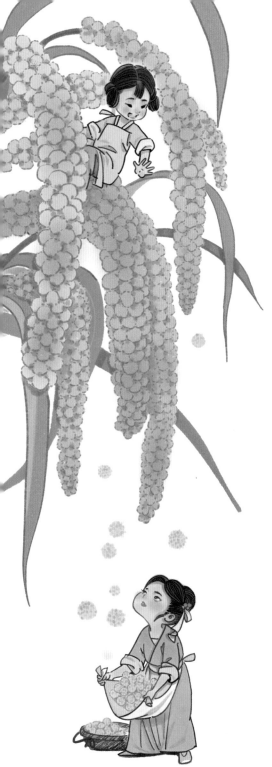

十分关心老百姓的疾苦，深知民以食为天的重大意义，这也是他能坚持不懈写作的精神动力。

可能有人要问："这部巨著为什么叫《齐民要术》呢？"其实，原著的开篇就告诉了我们，"齐民"就是平民百姓的意思，而"要术"指的是谋生的重要方法，所以《齐民要术》这部巨著就是贾思勰为平民百姓总结出来的生存之道。从种到收、从五谷到六畜、从农业生产到农产品加工，这些内容几乎都有涉及，因此这部巨著也被称为我国古代农业的百科全书。

《齐民要术》的原文是深奥的文言文，加上作者贾思勰生活的年代距今已有近 1500 年，当时的农业情形与现在相差十万八千里，因此现在除专家外很少有人能通篇读懂，更不要说让孩子理解其中的深刻含义。为了传承和弘扬中华传统的农耕文化，挖掘深藏在《齐民要术》中的知识宝藏，唤起孩子的学习兴趣，童趣出版有限公司组织专家为孩子画说《齐民要术》，选择了原著中的主要章节，力求用绘画的形式再现当时的生活场景和农耕技术，还请了原作者贾思勰"出场"互动，带领孩子畅游在古代的乡野田舍，领略悠久的中华农耕文化的博大精

深。我们还在一些章节中为孩子安排了劳动活动——"小小劳动家"，让孩子在了解中国传统农耕文化的同时，亲身体验劳作过程，培养孩子爱劳动、爱自然的优良品格。

随着科技的不断进步，人们的认知水平也在不断提高，原著《齐民要术》中有些观点和提法在今天看来似乎也有些不妥。比如：贾思勰认为，蚂蚁会打洞，会吃植物的根，是农业害虫，必须被杀灭。但是现在人们发现，蚂蚁能够改良土壤，还是一些害虫的天敌，所以现在一般不把蚂蚁归到农业害虫之列。在古人看来，竹子是一种树，但是现在人们经研究发现，竹子并不是树，不属于木本植物，而是跟小麦、玉米一样都属于禾本科植物。古人虽然掌握了酿制各种美酒和调味品的技法，但不知道该技法与微生物有关，不能科学解释其中的奥妙。所以我们在学习《齐民要术》的过程中，也要有批判的精神，敢于挑战权威，要尽可能挖掘其中的精华。

弘扬农耕文化，守住文明之根，是我们的义务，也是我们的职责！愿画说《齐民要术》能与千千万万个孩子相知相识，成为孩子的枕边书！

贾思勰是北魏时期杰出的农学家，他饱读群书，知识渊博，尤其重视对农业生产技术的学习和研究，最终撰写出了这部农业科学著作《齐民要术》，该书是我国完整保存至今的最早的一部农书。

我叫贾思勰，在北魏为官，但比起做官，我更喜欢研究农业方面的知识。

我觉得，只有解决了百姓的温饱问题，才不会轻易发生暴乱。

郎大人说得对！

授人以鱼，不如授之以渔。因此，我决定编写一部农书，让农业知识得到广泛传播，如果百姓能有一定的生产技能傍身，生活就会好起来，国家才能发展壮大。

为了收集农业方面最精准的第一手资料，我曾到黄河中下游的一些地区考察农事。

除了看书，我还亲自参与到农业生产活动中去。哪怕弄得满身臭汗，两脚沾满污泥，我也非常开心。

我与当地农民交谈，向最有经验的农户讨教经验。

我对从各方面获得的知识和经验进行总结归纳，写出了这部农业科学著作《齐民要术》。

目 录

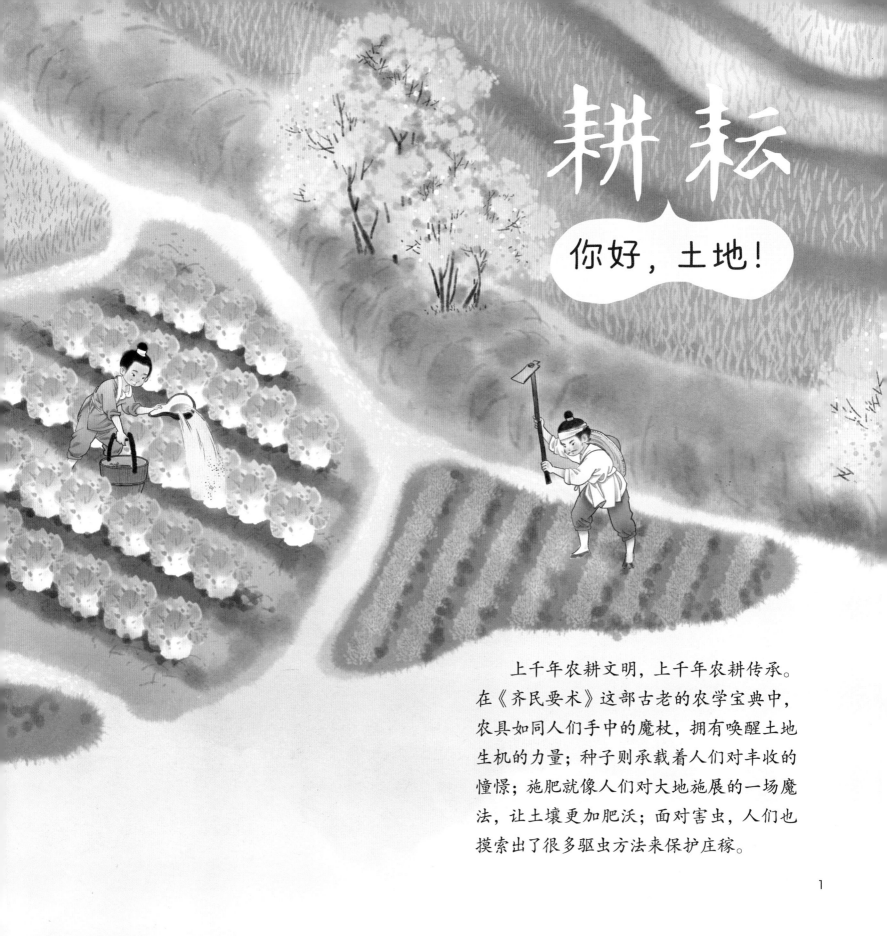

耕耘

你好，土地！

上千年农耕文明，上千年农耕传承。在《齐民要术》这部古老的农学宝典中，农具如同人们手中的魔杖，拥有唤醒土地生机的力量；种子则承载着人们对丰收的憧憬；施肥就像人们对大地施展的一场魔法，让土壤更加肥沃；面对害虫，人们也摸索出了很多驱虫方法来保护庄稼。

1

农耕文明

在远古时期，人类祖先找到了一些适合农作物生长的地方，他们在那里精耕细作，开始了自给自足的农耕生活。

农耕文明的主要发源地

中国

在远古时期，中国就产生了农耕文明。目前已知世界上最早种植水稻的地区就在中国长江流域。

美索不达米亚

美索不达米亚的苏美尔人创造了世界最早的文明，发明了楔形文字，并将冶铜技术用到制作农具上。

古埃及

古埃及农耕文明起源于尼罗河流域，早期居民利用周期性洪水灌溉农田，主要种植小麦、大麦等作物，并逐渐发展灌溉系统。

古希腊

古希腊主要种植大麦、橄榄和葡萄，还会制作橄榄油和葡萄酒。

古印度

古印度最早种植棉花，并且用棉花织布。

中国古代：天子亲耕

天子亲耕，亦称"耕籍礼"，源自古老传统的农事祭祀。这一仪式中，天子亲临田间，手执农具，亲自犁地，以此示范。随后，大臣们依官阶顺序继续耕作。此举不仅凸显了统治阶级对农业的尊重，更是对民众勤奋耕作的激励与示范。

中国现代：航天育种

航天育种就是通过航天技术将种子带到太空，太空的特殊环境会对种子进行诱变，等这些种子返回地面后，科学家再对其进行选育和培养，最终希望能得到优质的新品种的一种育种新技术。

1987 年，我国发射第 9 颗返回式卫星，首次把辣椒、小麦、水稻等种子送入太空。

2022 年，"神舟十二号"和"神舟十三号"载人飞船完成了上千个航天育种任务，育种材料有作物种子和微生物菌种等。这些种子已经开始在试验田开展试验种植了。

2020 年，"嫦娥五号"带回了"航聚香丝苗"水稻种子，如今已成功试种，喜获丰收。

3

农具：丰收的"魔杖"

农耕是古人的生存之本，田种得好，来年才能吃得饱。但种田是个费时费力的大工程，想要提高效率，合适的农具可少不了。

耒耜（lěisì）

用来翻地的工具，是铲子或铁锹的前身。手柄为耒，底端的铲状部分为耜。使用时，用力将耜插进地里，将土翻起。

锄（chú）头

主要用来松土和除草的农具。

耙（pá）

"耙"是多音字，读"pá"时是一种手持的工具，也就是耙子，可以用来聚拢和散开柴草、谷物等或平整土地。

耙（bà）

当"耙"读"bà"时，是一种扁平状的碎土工具，需要用畜力牵引，可以弄碎较大体积的土块，使土地变得平整。

耢（lào）

通常由荆条或藤条编织而成，使用顺序在耙（bà）之后，可以弄碎一些较小的土块，使土地更加平整。

耢需要有牲畜在前面拉着，耢上还要站人或放上重物，这样有助于把土块碾得更加细碎。

犁（lí）

主要用人力和畜力驱动，可以翻土，把土地耕出垄沟（即开沟），方便后续的播种工作。

耧（lóu）车

西汉时期发明的农具，提高了播种效率。只要一架耧车就可以同时完成开沟、下种、覆土等工作。

镰（lián）刀

一种刀片形状像月牙儿的农具。收割庄稼和割草时经常用到。

连枷（liánjiā）

一种脱粒工具，由手柄和一组平排的竹条或木条构成。可以用连枷拍打谷穗或豆荚等，完成脱粒。

簸箕（bòji）

用藤条、去皮的柳条、竹篾等编成的农具，可以扬去谷物中秕糠（bǐkāng）等杂物。

碌碡（liùzhou）

一种用石头做成的农具，也叫石磙（gǔn）。可以用来轧谷穗，使其脱粒，也可以用来平场地。

和土

二、合适的土壤

"和土"之意便是使土地和解，也就是让土壤适合庄稼生长。

若土壤太坚硬或者太松软，就需要用合适的农具对土壤适当疏松或压实。

趣时

一、抓住耕地好时节

古人认为耕地需要"趣时"，也就是耕地要赶上合适的时节。比如，春天大地解冻，地气通达，该时节就适合耕地。一旦错过耕地好时节，就会耽误农时，影响收成。

保墒

三、让水待在土壤里

"保墒（shāng）"指的是保存土壤中适合种子发芽的水分。农民通过耕翻，增加土壤的蓄水能力。

种地：为了好收成

要想有个好收成，就需要做好种地的每一个关键步骤。让我们一起来看看古人有哪些宝贵的种地经验吧。

五、粪便的大妙用

聪明的古人会将动物粪便和植物茎秆混合在一起来作为庄稼的肥料。因为它们里面有丰富的有机物和微量元素，是庄稼最喜欢的"美食"。

六、趁早收割

庄稼成熟要赶紧收割，不然籽粒容易脱落。若遇上狂风暴雨，籽粒还可能发霉长芽，影响收成。

四、趁早锄地

俗话说"夏天不锄地，冬天饿肚皮"。夏天，杂草会抢夺庄稼幼苗的营养，所以哪怕天气再热，农民也要趁早除去它们。

7

选种：最优良的种子

耕种前要先进行选种，优良的种子一般有着更旺盛的生命力。
我们以小麦为例，看看古人如何选出最优良的小麦种子！

初选

一、挑选麦穗

最优良的种子要符合"膀大腰圆、身强体壮"的标准。而这些种子一般都藏在个头儿饱满、颜色纯净的麦穗中。所以每年农民收割小麦时，都要先挑选出符合要求的麦穗。

晒干

二、让麦穗脱水

把选好的麦穗扎成一把一把的，然后将其挂在通风且能够暴晒的地方，让麦穗充分享受阳光。

脱粒、扬筛

三、收获种子

通过摔打、碾轧等工序帮晒干的麦粒脱去"外套"。再用簸箕反复扬筛，去除杂质，就得到了种子。

贾公说农

怎样鉴别哪些种子更好？

我们可以把等质量的各份同一作物的种子都埋在背阴的土地里，等到冬至后 50 天挖出称量，质量最大的那份种子就最适合第二年播种，因为该份种子吸水很多，生命力很旺盛。

别埋、防浥

四、做好分类和防潮

不同作物的种子要分开存放。窖（jiào）藏种子的环境务必要阴凉、通风、干燥。千万不要把种子储藏在潮湿且不通风的地方，不然种子容易发霉发臭。

水淘

五、去掉坏种子

播种前 20 多天，把种子放在水里淘洗，去掉浮在水面上的坏种子，留下的种子则晾干备用。最优良的种子就这样选出来了。

施肥："瘦"地变"肥"的奥妙

土壤里的养分不是一成不变的，随着种植次数的增多，养分会逐渐流失，土壤会出现"营养不良"的情况！正所谓"田里缺肥料，扁担两头翘"，所以这时候，人们就会想方设法给土壤投喂"营养品"，也就是肥料。

《齐民要术》肥料代表团

草木灰

开垦荒地时，把疯长的杂草清除干净，晒干后焚烧，就能得到草木灰。将草木灰搅拌到土壤里，可以大大提高土壤的肥力。

绿肥

秋天耕地时，将田里的杂草都埋进土里。经过发酵，这些草能分解出许多有利于庄稼生长的营养物质，还能改变土壤的质量。

我是饼肥，是油料作物的种子榨油后剩下的渣滓（zhāzǐ）。因为呈饼状，从而得名。

我是泥肥，河塘和牲畜棚子周围到处都有，由动物的尸体或排泄物、腐烂的植物等形成。

我是整修猪圈墙、牛栏墙、厕所墙时扒下的旧墙土，也可以当肥料哟！

秸秆肥

芝麻或豆类植物是油料作物，富含土壤所需的养分。在地里种上这些油料作物，待到农历七八月份，它们长大了，农民就可以把它们的叶、秆和根部统统埋进土里，任其腐烂分解，从而生成极好的肥料，改善贫瘠的土壤。

粪肥

粪肥是农民钟爱的一种肥料，由人或牲畜的屎尿形成。春天天气回暖，农民会在播种前仔细耕地。这时候把粪肥撒到田地里，土壤会变得非常肥沃。

贾公说农

如果连续2年，地里的庄稼都十分瘦小，产量不高，就证明这块田地"累了"。这时需要给它休个"长假"，好好施肥，仔细侍弄。等1年后，田地的肥力恢复了，才能重新耕种。

11

除虫：保卫农田进行时

"蝗虫过境，寸草不生"，可见虫害对农作物的伤害巨大，驱虫也就成了农民必须打赢的一场"硬仗"。为此，古人摸索出了不少驱虫方法。

 轮种 同一块地里不要每年都种相同的作物，因为每种害虫都有自己最爱的庄稼，轮种不同作物可以有效预防虫害。

耕地 要及时耕地，这样可以把藏在土里的虫卵或幼虫翻出来，在太阳下暴晒。

蝗虫

蚜虫

草木灰驱虫

草木灰除了当肥料，也可以做"驱虫剂"。草木灰含有碱性物质，对害虫有致死作用。清晨，在瓜秧根部撒上草木灰，1~2天后，再盖一层土即可。

蚕粪驱虫

蚕粪可以增加土壤里的有益菌，帮助作物抵抗病虫害。把它和种子一起埋进地里，作物不仅能长得好，还不易生虫。

药草驱虫

像艾这样的药草有强烈的气味，大多数虫子会避而远之。用这些药草的茎秆编成容器，来存放种子，可以在一定程度上防止生虫。

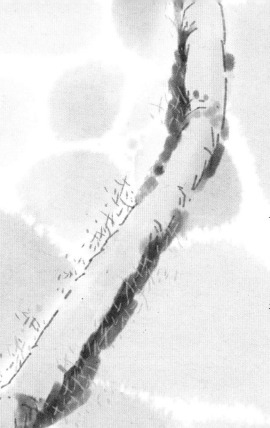

火把驱虫

虫子具有趋光性，喜欢光亮，我们可以利用这一点对付它们。

正月初一，清早鸡叫后，点燃火把，在果树下照一遍，然后拿着火把慢慢远离果树。很多虫子会跟着火把，离开果树。

诱捕法

骨头对很多虫子来说非常美味。将带骨髓的牛羊骨放在瓜藤附近，吸引虫子，等牛羊骨上爬满虫子后再扔掉。反复几次，瓜藤上的虫子就少了。

堵虫洞

农历九月，天气转凉，很多虫子会纷纷钻进洞里躲起来。这时候，用黏土把虫洞堵住，就可以防止它们在暖和时钻出来。

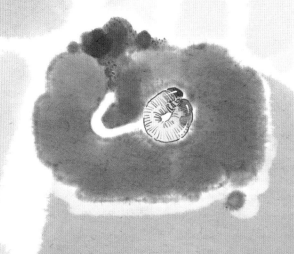

13

小小劳动家：来种矮番茄

我们学习了古人如何种地、施肥和除虫。正所谓"纸上得来终觉浅，绝知此事要躬行"，就让我们一起亲自动手，体验种植的乐趣吧！

一、准备工作

准备一大一小两个花盆，以及适量的肥料和种植土，再准备好以下工具：小铲子、小耙子、浇水壶、手套、镊子、剪刀。

二、翻耕土壤

戴上手套，用小铲子将大土块铲碎，再用小耙子耙一遍，剩余土块也这样处理一遍。这个步骤可以多重复几次，土壤越细碎，越有利于植物生长。

三、施肥

播种前，取适量肥料与土壤翻拌均匀，装入花盆备用。

四、育苗

挑选 2~3 颗矮番茄种子，在清水中浸泡 5~8 小时。随手在小花盆里戳几个小坑，将种子丢进去，用浇水壶淋上水。10 天左右，种子就会发芽，破土而出。

五、移栽

　　待幼苗长到 10 厘米左右高时，选取长势最好的一株，用小铲子连带其根部的土一起挖出，移栽进大花盆里。

　　移栽好后，围着幼苗周围浇一点儿水。

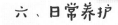

六、日常养护

　　平时不用特殊养护，等土干了再浇水。移栽后大约 45 天，植株上会开出小黄花，这时候可以适当再施一次肥。

　　如果有杂草，要及时连根拔除；如果有虫子，就用镊子夹起来扔掉。

七、收获

　　大约 75 天后，植株就能结出袖珍可爱的番茄了。用剪刀沿着果实的果蒂剪下，洗净之后就能品尝美味啦！

百谷

五谷丰登的期盼

《齐民要术》中详尽阐述了五谷杂粮的种植技艺，指引农民在平日里勤勉耕种，以期丰收。

在这一章中，我们能发掘作为古代重要主食的谷子、小麦、水稻等谷物的增产技巧，掌握种植花生的妙招儿。让我们一起学习传统耕种的智慧，感受丰收的喜悦与成就。

种谷：旱地种谷巧抗旱

在南北朝时期，黄河流域的人会将稷（jì）称为"谷子"，因为在当时稷是谷类作物中最有名的代表。为了实现丰收，古人找到了不少增产谷子的方法呢！

熬煮

用碎马骨熬汤，然后在获取的汤汁中放入可以灭虫的中药材附子，三四天后滤出附子。

将等量的蚕粪、羊粪倒入过滤后的汤汁中，搅匀后汤汁会变黏稠。

溲（sōu）种法：裹一裹

播种前 20 天，通过给谷种表面"包浆"，来提高谷种抗旱和抗虫害的能力，尤其可以防治蝗虫，从而促进作物增产。

区（ōu）田法：挖一挖

一种抗旱丰产的耕作方法。通过开沟或挖坑，把种子种在沟或坑里，这样方便把水和肥料集中供给农作物。

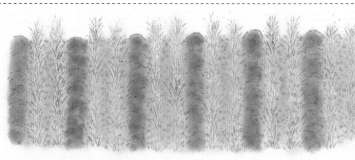

沟状区田法

将土地耕出一条条平行的沟，在沟中种植农作物。

代田法：换一换

每年更换地里作物种植的位置，让土地得到轮休，从而保持肥力。除草时，还可以耙下一些田垄的土，将其培在根部，防风抗旱。

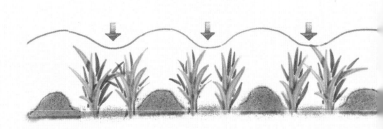

第一年

将土地耕出一条条平行的沟，沟与沟之间是用土堆起来的田垄，在沟中种植农作物。

裹种

将谷种倒入黏稠的汤汁中拌匀。

然后将谷种摊开晒干。

储存

晒干的谷种放在通风干燥处保存，直到下种前一天再倒入汤汁中拌匀。

贾公说农

溲种法对天气条件的要求十分苛刻，必须在光照充足且干燥的环境中进行。一旦阴天或下雨，就必须停止。种子若是晒不干或受潮，就会发霉腐烂。

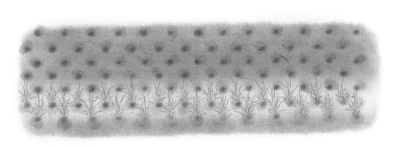

窝状区田法 在即将耕种的土地上，挖出等距离的坑，然后把种子放进去播种。

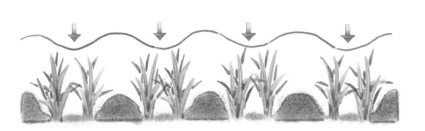

第二年 将沟和田垄的位置调换，在新的沟中播种，使去年耕种的土地得到休息。

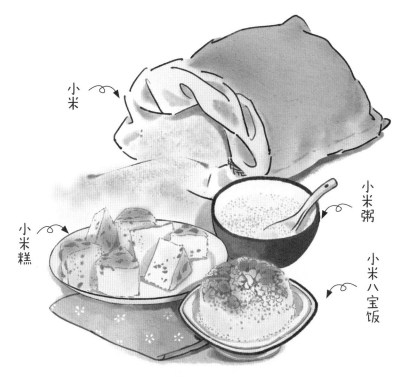

小米

小米粥

小米糕

小米八宝饭

去皮后的谷子就是我们常说的小米，富含维生素！

种麦：辛苦换得大丰收

冬麦是秋（冬）时播种，来年初夏收获。冬麦的出现，使原本青黄不接的时节有了粮食，人们就不用担心挨饿了。仔细地料理冬麦，来年初夏就能获得大丰收。

耕种的秘诀

熟淀粉加水稀释，轻微发酵后，获得的一种略带酸味和独特香气的混浊液体，就是酢（cù）浆。

一、翻耕暴晒

农历五六月份，翻耕田地，把底层土壤翻到面上，让这些翻上来的土享受"日光浴"。

三、随犁点播

夏至后约70天，种冬小麦最佳。顺着犁翻起的土沟，播撒种子，随后盖上土。这样长出的植株更为健壮。

二、酢浆浸种

冬麦播种时，如果湿度不够，就用酢浆拌上蚕粪，浸泡麦种。半夜浸泡，次日于晨露未散前完成播种。这样处理过的麦种，生长过程中更抗旱耐寒。

四、保湿固根

雍（yōng）土就是在植物根部堆土的意思，这样能帮助作物锁住水分，稳固根部。

冬麦有两次重要的雍土环节：第一次在当年秋季，用酸枣枝在麦苗根部培一些土；第二次是来年春天，再往根部培一次土。

五、瑞雪兆丰年

正所谓"腊月雪满天，来年麦子堆成山"。下雪后，雪覆盖在小麦上，可以为小麦提供水分，并且像小麦的被子一样，为小麦隔绝寒冷的空气，帮助它们越冬。

储存的技巧

为了防止生虫，立秋前，要及时打理和储存冬麦的麦粒。艾能驱虫，我们可以用前文中艾做的容器来储存麦粒。除此之外，古人还有两个好方法。

窖穴储藏法 将麦粒放在太阳下充分暴晒，然后趁热将晒干的麦粒放进窖穴里，用艾塞紧窖口。

劁（qiáo）麦法

在地上铺上一层薄薄的麦穗，然后顺风放火，火一着，就用扫帚扑灭，最后再脱粒。这样处理后，麦粒储存到来年夏天都不会生虫。

种稻：田田 流水稻花香

从古至今，水稻一直都是人们最重要的粮食作物之一，其收成关乎人们的温饱。那古人是如何种植水稻的呢？让我们一起看看吧。

一、引水整地

北方耕地

北方种水稻，要先用火烧地再翻耕，随后引水入田，约10天后，坚硬的土块会泡软。最后用木槌把土块砸碎，平整土地。

南方耕地

在南方沼泽地种水稻，需要先排干地里的积水。10天后，用碌碡在地里拉上十几遍，从而让这块地适合水稻生长。

二、育苗插秧

育苗

农历三月，将稻种用清水泡5天后，放入草篮子里发芽。芽长至0.5厘米，便可将稻种撒进田里。此后3天，都要派专人看守，以防鸟儿吃掉种子。

插秧

等秧苗长到21~24厘米高时，把秧苗连根拔起，注意不要伤到秧苗。然后按照相等的间距，将其重新种在另一块准备好的田地里。

三、日常打理

除草　稻苗生长期间，要记得除草。

晒根　等稻苗再长大些，田里要排一次水，避免稻苗烂根。当田里水分不够稻苗生长时，要根据当时天气情况，适量引水入田。

四、丰收脱粒

收割　提前排干田里的水，趁着霜降时节，抢收水稻。这时候收获的水稻质量最好，太早米发青且不坚实；太晚水稻掉粒，收成减少。

舂稻　舂（chōng）稻就是用大棒槌上下捣压稻粒，让其脱壳。这一步要在冬天进行，先将稻粒在阳光下暴晒几天，然后放在屋外冻一夜，第二天立刻舂稻。

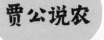

贾公说农

需要长期保存的稻粒要放在竹编的容器里，或者用倒麦法加以处理。若是放入地窖储存，稻粒容易霉变腐烂。

小小劳动家：种花生

花生于明朝时传入我国，由于其花朵受精后果针（花生的子房柄连同子房的总称）钻入土中，在地下长出果实，所以又被称为"落花生"。花生全身都是宝，果实可以榨油，还可以做成各种美味的食物，壳、茎、叶还可制成肥料。来动手种一种花生吧！

一、准备工作

花盆 一株花生会在土中结很多果实，所以要准备一个又深又大的花盆。

土壤 花生喜欢砂壤土。我们获取土壤后，需要翻耕土壤，让土变得细碎。

二、催芽

把颗粒饱满、色泽鲜艳、红色种皮完整的花生粒放进清水浸泡一天。捞出后，包进打湿的毛巾或纸巾里，一两天它就会发出嫩芽。

三、种植

方法一 在花盆里挖一个5厘米左右的小坑，放进3颗发芽的种子，盖上土。种完记得浇水，待幼苗长成，就把长势最好的留下。

方法二 在较小的容器里种下一颗发芽的种子。待幼苗长出后，就把整株幼苗和根部的土壤一起，移栽到准备好的大花盆里。

一般来说，一株花生能结约 20 颗果实呢！

六、收获

四五个月后，花生就可以收获了。将花生整株拔起，剪掉多余的茎和叶。把带壳的花生放在太阳下晒干，这样更利于保存。

四、浇水施肥

花生非常耐旱，所以不用频繁浇水，偶尔浇一次就行。千万不能将花生泡在水里种植。

同时，别忘了给花生施一点儿肥哟！

五、除草

花盆里的野草要及时除去，但不要碰伤花生的根和果针。特别是果针，它断了，果实可就结不出来了！

果针

果蔬

自然的珍馐（xiū）

从古至今，瓜果蔬菜一直是人们餐桌上必不可少的食物。正所谓"头伏萝卜，二伏芥，三伏里头种白菜"，人们会在不同时节种植不同的瓜果蔬菜。

《齐民要术》中也有它们的身影，很多内容十分有趣。比如，古人为什么要将豆子和瓜一起播种？他们怎样将易腐烂的葡萄和白菜保存长久？

种瓜：伴豆播种苗更壮

在《齐民要术》中，瓜是蔬菜的一种。关于瓜的种植方法中，《齐民要术》提到了一种豆、瓜共种的奇妙方法，该方法可以帮助瓜更好地生长。以甜瓜为例，让我们看看古人是如何用该方法种瓜的吧！

收种的法则

好的种子是成功的一半。种子质量越好，种出的甜瓜就越香甜美味。我们可以参考以下两个方法来收集种子。

结瓜早的品种

若遇到瓜蔓（wàn）上刚刚长出几片叶子就结甜瓜的情况，便可以将所结甜瓜的种子留下来。因为这种甜瓜的后代大概率会结瓜早、成熟快。取种子时，一定要将甜瓜两头的种子去掉，只留中间段的种子，这样不仅结瓜早，还能收获又大又周正的甜瓜。

汁多味美的品种

吃甜瓜时，若遇到汁多味美的，可以将其种子留下。先将种子与细糠拌匀，然后晾晒，等快晒干时，用簸箕一筛，就能除去糠和不好的种子。这样处理的种子很干净，且此法方便快捷。

一、翻耕土地

农历二月上旬是种甜瓜最好的时节。古人会选择那些刚收割过豆子且留下豆根的肥沃土地作为甜瓜的种植地，并反复翻耕。

二、瓜种拌盐

用清水将甜瓜种子淘洗干净，捞出后加盐，拌匀。这样处理后，种子在生长过程中可以在一定程度上免受害虫的侵扰。

三、伴豆播种

播种前，去掉地表的干土，在完全湿润的土壤里刨出一个坑。然后在土坑向阳的一侧，放入4颗甜瓜种子和3颗大豆种子。播种时要在田地留出过道，以便后续采摘。

四、除去豆苗

小瓜苗柔弱无力，必须靠身边的"大力士"豆苗帮忙顶破土壤，才能顺利出土。但为了避免豆苗抢夺养分，等瓜苗长出土后，就要掐断豆苗，让豆苗断口流出的汁液滋润瓜苗根部土壤。

别试图连根拔起豆苗。否则，根部土壤会松动，易造成水分流失，不利于瓜苗生长。

五、小心采摘

摘瓜时，人和车都在预留的过道上，不要踩踏、翻转瓜蔓。否则，不但未熟的甜瓜长不大，甚至瓜蔓也会因为受伤而提前枯萎。

一、摘葡萄

果皮出现白霜，就代表葡萄已成熟，可以将它们整串整串地摘取下来。

这样储存葡萄，过一个冬天也不会腐坏。

葡萄：窖藏保鲜到来年

西汉时期，张骞出使西域，带回了一种甜美多汁、晶莹剔透的水果——葡萄，从而开启了中国葡萄的种植历史。夏末秋初，葡萄成熟。为了随时能吃上新鲜的葡萄，古人便开动脑筋，想出了保存葡萄的方法。

三、凿洞

在土坑的四面坑壁上，选取靠近地面的位置，凿出很多小洞眼。

四、放葡萄

小心地把整串葡萄运进土坑里，将葡萄串的柄插进小洞里，然后用泥巴密封洞眼。

五、覆土

葡萄串全部放好后，用木板盖住土坑，再覆土隔绝空气。

二、挖坑

在屋子里找一个照不到阳光的阴凉处，挖一个方形的大土坑。

 古法制作葡萄干

挑选熟透的葡萄，一粒粒地摘下来，用剪刀除掉果蒂。千万不要弄破，以免汁水流出来。

将蜂蜜和动物油脂按照2:1的体积比例放入锅中并和匀，然后倒入葡萄，煮至半沸。

捞出葡萄，沥干水分，放在阴凉通风处晾干，葡萄干就这样制作完成了。

腌白菜：畦中白菜腌作餐

为了在青黄不接的时节里有菜吃，古人以白菜等常见蔬菜为原料，制作出了能长期保存的可口泡菜，这就是腌菜技术。直到现在，我们还有吃泡菜的习惯。吃面喝粥时配一口泡菜，美味极了！

白菜的一生

一、厚肥养菜

农历七月初，用旧墙灰或草木灰给土地施肥，再播种白菜籽，后用熟粪拌土，把种子盖好。这样能种出叶大肥美的白菜。

二、收叶留根

农历九月末，宜收白菜。用刀割下可食用的部分，留下5厘米左右的叶茎和根，备做种根。

冬天的时候，要用稻草盖住留下的种根，以免天气太冷将其冻死。

三、冬储白菜

储藏白菜要在农历十月中旬之前完成。选择能被太阳晒到的地方，挖一个深1.2~1.5米的坑。

在坑内，每码放一层白菜，就覆盖一层土，一直摞到距坑口30厘米时停下。在最后一层土上，盖一层厚厚的草席，保鲜效果极佳。

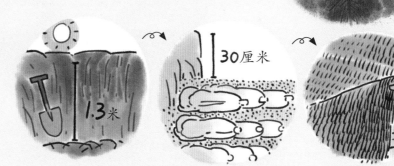

一、选菜

收割白菜时，就要把叶大鲜嫩的优质白菜单独分出，用蒲草捆扎好，留做腌菜。

腌泡菜第一步就是要选菜。

32

五、烹制

白菜腌制好后，用无水无油的筷子取出。把泡菜上的盐用水洗掉，然后将泡菜下锅烹饪，煮出的菜的味道与新鲜白菜的味道一样美味可口。

这碟泡菜吃起来有独特的酸咸味，太下饭了！

二、清洗

用调制好的超咸盐水清洗白菜叶，这样做出来的泡菜不会腐烂。

三、入瓮

将白菜叶按照"上一层菜叶挨着下一层菜帮"的码放规则，一层层整齐地放入瓮里。这样做有利于均匀入味。

四、腌制

将洗过白菜的盐水澄清后倒入瓮中，刚好没过白菜叶即可。

不要搅拌白菜叶和盐水，让它们安静地待在瓮里发酵。这样做出来的泡菜颜色才鲜亮。

33

小小劳动家：去菜市场挑最好的菜

你有没有去菜市场买过菜呢？买菜最重要的环节就是擦亮眼睛，选出新鲜又好吃的菜。快叫上爸爸妈妈一起去菜市场挑菜吧！

黄瓜

整根黄瓜"身姿挺拔"，顶着小黄花，身上的小刺又硬又多，口感一定不会差。

茄子

萼片与茄身之间，有一片白色或淡绿色痕迹，是茄子的"眼睛"。"眼睛"越大，茄子越嫩。若茄子颜色暗淡，表皮出现"皱纹"，这样的茄子不能买哟！

土豆

表皮长出小芽或出现青绿色斑点的土豆，含有毒素，千万不能选这种！形状浑圆、表皮干燥的土豆才是我们挑选的目标。

辣椒

一般长得像灯笼一样的辣椒不太辣，而又细又长的辣椒通常比较辣。

花椰菜

若花椰菜的颜色鲜亮且没黑斑，花球紧实不松散，就值得购买。

萝卜

表皮光滑，拿在手里沉甸甸的是好萝卜。如果萝卜上有斑点就代表不够新鲜；如果萝卜拿在手里感觉轻飘飘的，那可能是空心的。

结球甘蓝（俗称"圆白菜"）

叶片翠绿水分足，整棵菜包裹紧实，就像握紧的拳头一样，这样的圆白菜就比较新鲜。

白菜

不长黑斑，不烂根，叶片包裹紧密且完整不打蔫，这就是好白菜。

冬瓜

若冬瓜的表面光滑，没有伤痕，没有太多的坑或包，同时还覆盖着完整的白霜，那么这种冬瓜最佳。

食荚豌豆（俗称"荷兰豆"）

颜色青翠，拿在手里感觉比较坚挺，那么这样的荷兰豆就是新鲜的。

草木

巧种的智慧

在这一章中，我们将探索《齐民要术》传授的草木种植技巧。

我们会了解古人怎样通过种酸枣树来搭建防盗篱笆，如何将桃树移栽成活，如何通过嫁接法让梨树结的果更好，如何让槐树长得又高又直，以及怎样在自家园子里种竹子。

让我们一起感受古人巧妙种植草木的智慧吧！

庭院：巧用枣树作篱笆

篱笆可以防止动物糟蹋农作物，还能防止小偷儿进入庭院，称得上是"古人安家必备之物"。它们还常常出现在古人的诗歌中，如"采菊东篱下，悠然见南山"。

耕垄

一、挖沟备用

选好墙根位置，将该位置的土地仔仔细细地进行深耕，然后在整好的土地上挖3条播种沟，每条沟的间隔约为60厘米。

播种

二、播酸枣种于沟中

秋天，酸枣成熟，选一些酸枣核作为种子，将其密集地播撒在沟里。

锄苗

三、择优而取

第二年秋天，酸枣树苗长到90厘米左右，就可以将一些长势不好的酸枣树苗锄去，避免它们抢占养分和生长空间。那些长势旺盛的树苗，每30厘米留一棵，尽量前后对齐，方便以后扎篱笆。

这样的篱笆，小偷儿看了也只能摇头叹息着离开，狡猾的狐狸和凶猛的狼遇到了也无可奈何。

修末

五、精心修剪

第四年春天，修剪酸枣树末梢，将新长出的枝条继续扎成篱笆。篱笆扎2米多高就够了。当然，也可以根据主人家的意愿，扎得再高一些。

贾公说农

裁树枝时要注意只去横枝，勿伤树干。否则，树干的树皮伤口会逐渐增大，到了冷天，树会被冻死。

裁枝

四、顺势扎篱笆

第三年春天，剪掉树上的横枝。将剩下的枝条按照它们的长势，松松地扎成篱笆。不能扎太紧，否则酸枣树就长不高了。

移栽：给桃树搬个新"家"

移栽大树成本高，成活率低，非常考验园林工程师的技艺。约1500年前，我国的农民就已经掌握了这项技术。瞧，在贾思勰的故乡益都（今山东省寿光市），当地官府正准备将桃树移栽到市集旁边，美化环境。

一、标记阴阳面

春天土地解冻之后，最适合移栽桃树。移栽之前，人们会先根据太阳的位置，标出桃树的向阳面和背阴面，然后原方向栽种。这样就不会扰乱桃树原本的生长习惯。

二、带土离开"家"

桃树不易成活，所以要带土移栽。这样能保护植物根系。植物根系就像人的嘴巴，用来吸收水分和营养，保护好它就能提高成活率。

三、抵达新"家"啦

将桃树放到新的树坑后，先向坑中浇水，将树根带的土变成泥浆；然后向东西南北四个方向摇晃树，这样可以让泥土充实到深处的根系里；再向坑里填土，并用工具将土压紧，但是距离地面10厘米以上的土不要压紧。

保暖 如果气温骤降，可以采用在桃树周围焖（mèn）烧杂草枯枝或者牲畜粪便的方法，来为桃树保暖。

移栽成功 第二年春天，如果桃树可以正常发芽、生长、开花、结果，就说明移栽成功了。

修剪有技巧 刚移栽的桃树十分缺水，必须通过修剪树枝的方式来减少水分蒸发。如何修剪树枝也有讲究。

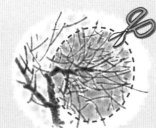

1. 要确定哪些是树干，防止剪伤树干。

2. 先剪除让虫蛀了的树枝。

3. 修剪茂密的区域，防止遮挡阳光。

4. 太低的树枝也要剪掉，避免刮伤行人。

嫁接：移花接木结佳果

嫁接就是把要繁殖的植物的枝或芽（接穗），接到另一种植物体（砧木）上，使两者接合，成活为新植株。嫁接后的果树既能长出具有优良性状的果实，又能提早结果、增强抗性。来看看古人是如何嫁接梨树的吧！

一、做砧木

嫁接的最佳时节为早春叶芽萌动之时。先选取 1~3 岁树龄、树干有成人胳膊那么粗的杜梨，作为嫁接的砧木。

3 岁树龄

在离地面 18 厘米左右的高度，用麻绳反复在树干上缠绕十多圈，沿着缠绕部分的上边缘锯断树干。这样可以避免插枝时，树桩的树皮破裂。

二、做切口

将竹片削出梯形的斜切面，底部削得尖尖薄薄的。

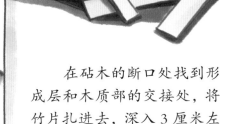

在砧木的断口处找到形成层和木质部的交接处，将竹片扎进去，深入 3 厘米左右即可。

外树皮
内树皮
形成层
髓
木质部

三、取接穗

接穗是用来嫁接在砧木上的芽或枝条。找一棵结果丰盛、汁甜肉香的梨树，在梨树向阳的一面，截取几枝处于萌芽状态的细枝条，大约 18 厘米长。

18 厘米

贾公说农

阴面枝条做接穗，结的果子少；叶片展开的枝条已错过最佳的嫁接时间。

四、插接穗

将枝条底部削成和竹片一样的斜切口。

然后在表皮上平着划一圈，沿着痕迹，把切口周围的黑色表皮剥掉。

将扎在砧木上的竹片拔出来，沿着竹片留下的豁口插入接穗，插入深度刚好到刀子划出的位置即可。

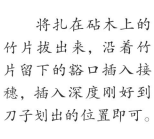

五、保温保湿

用丝绵把杜梨树桩包裹严实，做好保温。上面的树桩切口和嫁接口用发酵后的细泥封堵住，避免水分蒸发。

再用土把树桩埋起来，只露出一点点梨枝在外头透气。

沿着梨枝给土壤浇水，然后在最外面覆上一层土。梨枝很脆弱，盖土时千万小心，避免碰动损伤。

种槐树：槐生麻中，不扶自直

槐树在周代是三公宰辅之位的象征，颇受古人青睐。植树过程中，古人发现，将麻和槐树一起播种，可以利用麻的生长，迫使槐树长得又高又直。这与《荀子》中提到的"蓬生麻中，不扶自直"是同样的道理。

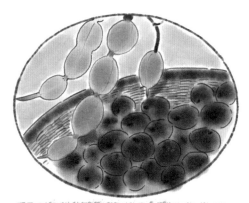

收种

一、晒晒太阳

待槐树荚果成熟，剥开取种。种子被反复晾晒多次后再收起，避免生虫。

浸种

二、浸泡种子

夏至前 10 多天，将种子浸泡在水中，六七天后便能发芽。用雨水泡的发芽快，用井水泡的发芽慢。

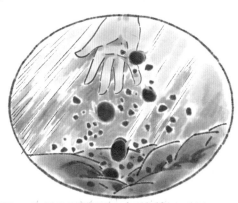

播种

三、一起播种

农历五月，找一个雨水丰沛的日子，把发芽的槐树种子和麻种子一起播撒到地里。和麻一起生长，槐树苗能保持直立向上。

去麻

四、去麻换木棍

麻成熟后就立刻割掉，但此时的槐树苗还不能直立生长。农民会在树苗旁插一根木棍，用绳子把二者轻轻绑住，让木棍支撑树苗生长。

复种

五、麻的复种

第二年，把地锄好，在槐树苗丛下再种一批麻。麻秆能迫使槐树苗为争取阳光，努力向上直立生长。

移栽

六、独自生长

第三年正月，移栽树苗。此后，树苗无须借助其他物体，自己就能长得既直又高。

好吃的槐花

槐树是一种常见树木，在我国北方尤其多见。它的花不仅可以当药材，清火止血，还能做成美食，一解馋虫！

槐花麦饭

清香又自然！

放入蒸屉蒸 20 分钟。

将洗净的槐花和面粉拌匀。

炒锅放油，葱蒜末爆香，放入蒸好的槐花，炒至金黄。

将洗净的槐花加适量糖、面粉和玉米粉，拌匀。

捏成大饼，再切成方糕状。

槐花糕

放到蒸屉上蒸 15~20 分钟。

松软又清甜！

植竹：竹怕水淹居高处

竹子是古人非常喜欢的一种植物，苏轼曾提到"宁可食无肉，不可居无竹"，可见爱竹之深。贾思勰和朋友最近想在自家园子里种上一些竹子，来看看他们是怎么做的吧！

寻竹

野生竹一般生长在地势高且平的土地上，因为低洼处水多，竹子容易被泡死。瞧，这处靠山的小土堆上竹子真多呀。

取种

竹子繁殖靠的是土壤下横向生长的茎，也就是竹鞭。此时正值农历二月，大家小心地挖出了西南方向的竹鞭，保留了长在上面的竹笋和竹子，并且去掉了竹子上的竹叶。

贾公说农

竹子有向西南方向延伸繁殖的特性。所以西南方向的竹鞭比较嫩，繁殖能力强。

美味的淡竹笋

笋吃起来鲜嫩可口，让人念念不忘。贾思勰在《齐民要术》中收录了一种名为"淡竹笋"的美食。

农历二月，采摘新鲜的嫩笋。

将竹笋剥壳、洗净，切成15厘米左右的笋段，放入盐里面腌制一宿。

煮一锅稀粥，盛出一些来，按照粥和盐5:1的体积比例调味，放凉备用。

将笋段上的盐抖去，放入咸粥里泡一天，取出后擦干净再放到清粥里泡五天。

最后从粥里取出笋段，就可以直接食用了。

栽种

携竹鞭归家后，大家在园子的东北角挖了一个大约60厘米深的坑，放入竹鞭，盖上15厘米厚的土，再选择稻糠或麦糠作为肥料来施肥。

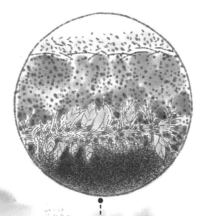

栽种后不要浇水，不然竹子就要被淹死了。还要看好牲畜，不要让它们踩踏和啃食竹笋。此后，就静静等待新的竹子长出来吧。

养殖

繁衍的秘诀

古人重视养殖，不仅是为了丰富饮食，也是为了满足交通、农耕等多方面的需求。贾思勰深知养殖的重要性，因此在《齐民要术》中总结了许多养殖的方法。

养蚕：满窗晴日看蚕生

春蚕吐丝，蚕衣新蜕。这是生命在拨弦，也是一次收获的喜悦。蚕丝制作的丝绸，往来售卖，是丝绸之路上的重要商品。所以，养蚕是一项伟大的事业！

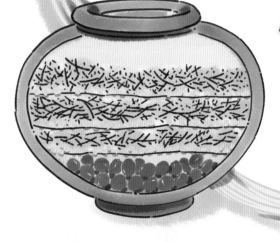

放种

一、蚕卵的精致"小窝"

找一个瓦罐，放少许红豆垫底，在红豆上放一层柔韧透气的蚕卵纸，撒上蚕卵，再放一些腊月里的细桑枝。就像这样一层纸、一层蚕卵、一层桑枝，轻轻码放。

孵化

二、孵出蚕宝宝

封住罐口，将瓦罐在溪流或河水中置放 21 天。确保罐外的水位高度与罐内最上层的纸张齐平。水位太高，蚕卵会被冻死。水位太低，蚕卵不到 21 天就会孵化，这种蚕是无法繁衍后代的。

蚕室

三、布置蚕宝宝的"家"

养蚕的屋子要精心布置。屋子要四面开窗，用纸糊窗，并挂上厚重的窗帘，还要在屋子的四角点上火炉，避免屋内冷热不均。

四、给蚕宝宝搬个家

准备一个3层的木架子，最上层用来防尘，最下层用来阻挡地面的潮气，所以只有中间一层才可以放置蚕宝宝。用柔软的羽毛轻轻地将蚕宝宝拨弄到上面。

五、细心来养蚕

蚕宝宝不能沾染露水，所以新摘回来的桑叶要先放在怀里焐热，再切成小块投喂给蚕宝宝。投喂桑叶时，要把窗帘打开，光照充足，它们就胃口大开，吃得更多，长得更壮。

六、防潮保温

找来大棵的干蓬蒿，把即将吐丝结茧的蚕，均匀地撒上去，做成蚕蔟（cù）。再将蚕蔟高高挂起，避免梅雨时节受潮。

蚕蔟下点上炭火盆，保证温暖，这样蚕吐丝结茧的速度才快。但温度过高会将蚕烤死，所以要随时观察，及时减少或增加火盆数量。

贾公说农

等蚕茧成熟，就可以取下来抽丝剥茧，做衣服了！

51

小小劳动家：养蚕

看了古人养蚕的过程，你是不是也跃跃欲试了呢？借鉴先人的养蚕经验，我们也可以自己动手养蚕，亲眼见证生命的蜕变。

一、给蚕找个"家"

找一个干净的纸盒，在底部放一张柔韧透气的纸，将蚕卵放上去。然后盖上盒盖，放置在光照充足且温暖的房间里。

认识蚕的习性

蚕的一生会经历蚕卵、幼虫、蚕蛹、蚕蛾4个阶段，生命短暂而丰富多彩。幼虫吐丝后，便结茧成了蚕蛹。

别看蚕个头儿小，饲养时要注意的事情可不少：

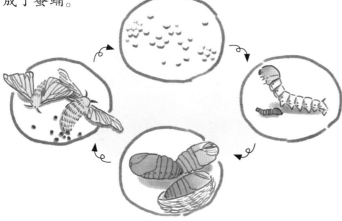

我喜欢在温暖干燥又洁净的环境中吃嫩桑叶。

我讨厌奇怪的味道，比如香水和杀虫剂的味道。

四、换个新"家"来成茧

蚕宝宝变得安静，不再进食，身体也发黄、发亮时，就代表它们要吐丝结茧了。这时可以给它们换一个更大的盒子。

二、投喂桑叶

蚕宝宝孵化出来后，找来鲜嫩、没有露水的桑叶，然后去除叶梗，将桑叶剪成和蚕宝宝差不多大小的碎片，均匀地撒在盒子里。

三、干净卫生惹蚕爱

蚕宝宝很爱干净，所以要经常打扫纸盒，清除蚕沙（蚕的屎），更换新的垫纸，替换新鲜的嫩桑叶。

五、已休眠，勿打扰

蚕宝宝吐丝结茧的过程中，会有几次休眠，其间它们会趴在桑叶上一动不动，这时可千万别把它们扔掉，它们醒来就会长大一圈！

只要你足够细心和耐心，一定能亲眼见到蚕吐丝结茧的过程。这种感觉特别奇妙！

相马：伯乐慧识千里马

在古代社会，马是不可或缺的"劳动力"，而找到好马帮忙，可以大大提高人们的工作效率。《齐民要术》中就记载了相马的方法，可以帮人们找出好马，而相马重要的一点就是要知道劣马和好马的特点。

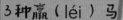

3种赢（léi）马

头大脖子细，这是发育不良的表现。

脊背无力向下垂，长着"啤酒肚"。这种马肺活量小，肠胃也不好，持久力差。

腿骨细小，马蹄却很大，这种是营养不良的马。

马头很大，马耳朵却松弛无力，不能很好地挺立着。

5种驽（nú）马

脖子很长，但肌肉发育不好，没有力量，导致脖子弯曲度不够。

马的身体比例失调，上身很短，四肢反而很长。

劣马分为不能负重的"赢马"和跑不快的"驽马"。

贾公说农

马的骨架没长好，胸部短小，腰部粗大，这样的马肺活量小。

骨盆浅且小，大腿骨不够粗壮，这样的马很容易疲劳。

54

哇！这是一匹好马！

 额头

额头方正平坦。

 耳朵

耳朵小而厚，像削尖了的竹筒一样，直挺挺地向上方竖立着。两只耳朵的间距要窄。

 眼睛

眼珠要充盈眼窝，且有光泽。上眼眶像月牙儿一样弯弯的，下眼眶平直。

 鼻子

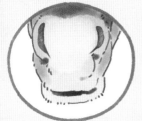

鼻孔要大，呼吸系统发达。

 颈部

脖子修长有弧度，颈骨要粗，且上面的肉不要过分厚重。

 牙齿

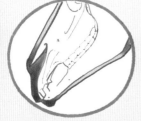

上排靠后的牙齿要像"钩"，下排靠后的牙齿要像"锯"。同时两排牙齿要对齐，咬合紧实，这种马才好驯养驾驭。

 胸部

胸部挺直，两块胸大肌要突出。

 蹄子

马蹄要厚，且如石头般坚硬。蹄叉明显，形状就像鸟类张开的翅膀一样。

55

养鱼：新水池塘鱼儿长

在古代，人们已经掌握了养鱼的技术，这不仅能提供观赏之乐，还能满足随时吃鱼的需求。

挖池塘有讲究

找一块面积约 4000 平方米的地，挖坑做鱼塘。要留出 9 小块地方当作"陆地"，可别一起挖掉了。

因为鳖（biē）和鱼一起养，有利于改善鱼塘的生态环境，所以我们得特意留出"陆地"给鳖休息和晒太阳。

放鱼时，动作轻一些，不要在水中发出声音，这样鱼活下来的概率更高。

雌多雄少投鱼法

找来 20 条长约 1 米、肚中有鱼子的雌鲤鱼，再找 4 条相同长度的雄鲤鱼。在农历二月上旬，将它们放进挖好的池塘里养着。

雄鲤鱼虽然数量少，却足以让整个鲤鱼家族繁衍开来，还能让雌鲤鱼长得更快，肉更好吃，而雄鲤鱼太多，会容易互相打斗。

挖泥取卵养鱼法

如果想快速得到大鱼，可以去沼泽、湖泊等大鱼经常出没的地方，挖一些靠近水边的淤泥，带回来铺在自家鱼塘底部。

这些淤泥里有大鱼的鱼子，挖回来在水里养着。两年之内，就能得到个头儿很大的鱼了。

水生植物种一种

养鱼的同时，农民还会在水塘里种一些水生植物。这些植物不仅能和鳖一样帮忙改善鱼塘的生态环境，还能成为人们日常餐桌上的美味呢。

莼（chún）菜　　　莲藕　　　芡（qiàn）实　　　菱角

57

养鸡：巧搭鸡舍遮风雨

"养鸡纵鸡食，鸡肥乃烹之。"这两句诗描写了一个妙趣横生的画面：诗人养了一群小鸡，每日精心照料、投喂鸡食，就等着小鸡长膘，用来烹制美食。不过养鸡也是有门槛的，首先要学会制作鸡舍。

每日喂食别忘了

干瘪（biě）的谷子、稗（bài）子（一种常见的草籽）、胡豆都是很好的鸡饲料，记得一天喂 2~3 次哟。

搭个小棚子

圈出一块场地，搭建小棚子，帮助鸡遮挡风雨和防晒。如果不想鸡飞出来，破坏棚顶，可以剪掉它们翅膀上的部分羽毛。

编个架子来落脚

安放一些距地约 30 厘米的架子，鸡可以在上面栖息。同时，也可将鸡和粪隔开，保证卫生健康，方便打扫。

凿个小洞来当窝

在距地约 30 厘米的墙面上凿洞，作为鸡窝，让鸡在里面下蛋和孵蛋。

冬天，墙上的洞里要放一些稻草以防鸡蛋被冻坏。其他时节则不用，因为这些时候草里会生虫子。

日常清洁少不了

经常给鸡舍和鸡窝进行清理，及时扫去鸡粪，鸡会住得更舒服。

《齐民要术》中的鸡蛋美食

圈养的鸡没有天敌、饲料充足，不仅长得肥，还能下很多蛋。古人会怎样烹饪鸡蛋呢？来看看贾思勰是怎样记录的吧。

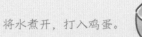 瀹（yuè）鸡子法

将水煮开，打入鸡蛋。

待鸡蛋浮上汤面，就舀出来，用盐和醋调味，滋味正好。

这种做法有些像加调料的荷包蛋汤！

炒鸡子法

锅中放入麻油，直接打入鸡蛋，然后翻炒。

加入切碎的葱白、盐和豆豉（chǐ），炒出来很香很好吃。

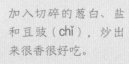

和现在的炒鸡蛋很像！

小小劳动家：照顾宠物

看到古人饲养各种动物，你是不是也想养一只属于自己的宠物呢？养宠物可以培养我们作为小主人的责任意识，不过在养之前要提前取得家人的同意哟！

选择宠物很重要

饲养宠物之前，要先了解它们的习性，选择最适合自己的宠物。

猫是非常爱干净的，我们要足够勤快，帮忙打理。

小狗需要每天遛，我们要有足够的时间和充沛的体力。

仓鼠主要在夜晚活动，我们可能会错过一些陪玩时间。

家兔消化系统比较脆弱，需要我们精心喂养，用心呵护。

饲养宠物要有充分的时间和耐心，不能随意丢弃或伤害宠物。我们要肩负起小主人的责任，善待宠物，珍爱生命。

提前做功课

假如你决定养一只猫做宠物，那么就需要先了解猫的习惯，知晓作为"铲屎官"的各种注意事项，做到心中有数。

在猫到来之前，先为它准备好它需要的物品，比如猫砂、猫粮、猫窝、猫爬架、猫用自动饮水器等。

饲养宠物，要做哪些事？

喂食喂水 根据猫的年龄选择合适的猫粮。

1岁以下的幼猫：选择颗粒松脆、营养丰富的幼猫粮。

1~7岁成年猫：喂食成年猫粮，若再吃幼猫粮容易长胖。

7岁以上的老年猫：选择低脂低热量的小颗粒猫粮。

防疫驱虫

遵照宠物医生的建议，采取相应的防疫措施，比如注射预防猫患某些传染病的猫三联疫苗。同时，还要记得定期给猫进行体内外驱虫，这样有利于猫的健康。

清洁护理

猫并不需要经常洗澡，它们可以通过舔毛进行自我清洁，频繁洗澡反而不利于猫的健康。

当猫实在有些脏，难以自我清洁时，我们再带它们去洗澡。

猫的使用物品也要定期清洗，及时更换哟！

经常和猫互动，陪它玩，可以增加猫的运动量，避免猫长得太胖。

日常训练

将猫屎放在猫砂盆里，引导猫去闻，可以帮助猫养成在猫砂盆里"上厕所"的好习惯。

用零食做奖励，多次重复某个动作，比如抬手，说不定猫可以学会新技能。

酿造

独特的味道

古人虽然不知道微生物的存在，但很早就能利用微生物发酵制造不同食品。他们可以将小麦酿成香气诱人的白酒和口感酸爽的醋，也可以将豆子做成香气扑鼻的豆酱和口感独特的豆豉。让我们一同探索酿造技艺，感受这些食品背后的奇妙变化！

酿酒：自制酒曲酿好酒

唐朝诗人李白酷爱喝酒，还创作了很多关于酒的千古佳句，如"唯愿当歌对酒时，月光长照金樽里"。在古代，酒是怎么被人们酿造出来的呢？让我们一起跟随贾思勰来看看。

一、精心做曲饼

农历七月是做酒曲的好时节。农民需要准备3份小麦，一份蒸熟变软，一份炒至金黄，一份精挑细选并洗净。把3份小麦分开研磨后，混合在一起，加水团成一个又厚又圆的曲饼。团曲饼的工作要当天完成。

二、存放于曲室

准备一间干燥洁净的茅草屋做曲室。把曲饼平铺在地上，用泥巴把木门缝隙堵住，避免风吹进来，干扰曲饼发酵。第7天，给曲饼翻个身。第14天，把曲饼堆聚起来，继续密封在曲室里。

三、曲饼做好了

第21天，取出曲饼，装进干净的瓮里，盖好盖子，用泥巴封住瓮口。7天后取出，放在太阳下充分晒干。这样做出来的曲饼就能够长久保存了。

64

四、酿酒开始了

接下来，我们开始酿酒。取出曲饼，放在太阳下晾晒5天。其间要用炊帚刷一刷曲饼，一天3遍，让曲饼干干净净的。

五、先处理曲饼

用一块干净的布垫着，把曲饼用刀弄碎，然后将碎曲饼放到有顶棚的架子上晾晒1天，小心不要弄脏。

六、熟米换美酒

取一些碎曲饼，将其捣得更加细碎，放进瓮里，然后加入适量的水。浸泡3天后，瓮里冒出鱼眼大的泡泡，就把蒸熟放凉的米饭也倒入瓮里。静置数日，就能得到香甜的美酒了。

酿醋：巧酿米醋醇又香

古人觉得一些菜肴若能有点儿酸味，将会别有一番风味。后来人们通过加工粮食，终于酿造出了醋这款酸味调味品，并一直沿用到今天。

一、准备材料

古人认为，农历七月初七是最利于发酵的时间，因此通常都选在这一天酿醋。酿醋需要准备3样东西：小麦做的发酵曲、清水和蒸熟后晾凉的小米饭。

二、依次入瓮

根据醋瓮的大小，按1:3:3的体积比例依次向醋瓮中放入发酵曲、清水、蒸熟且凉透的小米饭，尽量把醋瓮装得满满的。装好后，不要搅拌，直接用丝绵封住瓮口，将一把出鞘的刀，横放在瓮口上。

将醋瓮下面用砖块垫起来，避免地面的潮气浸入瓮里，导致醋变质变味。

贾公说农

瓮口上放一把刀是古人的习俗，认为有辟邪的作用，这样酿出的醋品质更好，有些地方甚至到今天仍保留这一习俗。但其实这并没有什么科学依据。

三、初次加水

7天之后，倒一碗井花水进瓮里。瓮口按原样封好。

酿醋要用清早第一次从井里打出来的水。这种水叫作"井花水"，清澈甘甜，酿出的醋味道会更醇香。

四、醋酿成

21天后，趁着清早，再倒一碗井花水进瓮里。好吃的醋就酿成了。

取醋时，为了避免醋受污染，得用干燥且没有异味的工具，比如葫芦瓢就很不错。

小小劳动家：古法酿醋

古人会把自然脱落且烂熟的桃子收捡起来，放入瓮中密封7天。等到桃子变成泥状后，捞出皮和核，再封存严实。21天后，味道鲜美的桃子醋就做好了。除了桃子，柿子也可以用来酿醋，快在家里试一试吧。

开始发酵

将柿子整齐地摆放在玻璃容器中，加入适量的纯净水，用塑料膜将其密封好，放置在干净阴凉的地方。经过1~2个月的发酵，等到柿子水上出现一层乳白色的醋衣，柿子醋就酿制好了。

前期准备

将自然成熟、无损伤、无腐烂的新鲜柿子，用清水洗干净，放在无灰尘的环境中阴干，然后摘掉柿蒂。准备一个干净的玻璃容器，用开水煮烫消毒。

储藏保存

将柿子醋原液灌入瓶中，密封保存，放在阴凉的地方，后期慢慢发酵，随用随取。这个时候的柿子醋颜色淡黄，清澈透明，味道非常清爽。有沉淀物是正常的。

无添加剂

食用功效

柿子醋可以健胃消食，有助于人体健康。另外，自制的柿子醋里没有任何添加剂，吃起来更安全。

香喷喷的中国醋

"莫笑开坛酸卤味，品来犹自泛陈香。"醋虽然闻起来刺鼻，但吃起来却味道独特。早在周朝的时候，人们就掌握了酿醋的工艺。随着制醋工艺的成熟，到了唐代以后，醋的生产和使用更加普及，醋成为人们日常生活中不可或缺的调味品。

关于醋的传说

很久以前，有一个名叫黑塔的年轻人，他是酒圣杜康的儿子，从小跟随父亲学习酿酒技艺。一次，黑塔在酿酒的过程中，一不小心将酿酒的粮食发酵过头，酿成了一种酸香的浆液。

好奇的黑塔尝了一口，发现这浆液竟别有一番风味，于是兴奋地告诉父亲杜康这个惊人的发现。杜康品尝后，也为这神奇的味道所折服。于是，醋就这样诞生了！

四大名醋

山西老陈醋：山西清徐县所产，已有3000多年历史。其选用大麦、高粱、豌豆为原料，越放越香。

镇江香醋：江苏镇江所产，以黄酒糟和优质糯米为原料，香而微甜，适合蘸江南肉馅小吃。

保宁醋：四川阆（làng）中市保宁镇所产，以麸皮、小麦、大米、糯米为原料，以中药材制曲，有"东方魔醋"的称号。

福建永春老醋：北宋初年，永春人便开始酿醋，用糯米、红曲、芝麻当原料，口味独特。

醋的妙用

去除水垢：家里的花洒用得久了就会出水不畅，这时不妨用白醋浸泡一下试试。除此之外，牙杯、水壶、水杯里的水垢，也可以用白醋浸泡，然后用清水冲洗。

泡脚：在泡脚水中加入适量食醋，可以促进血液循环和杀菌除臭。但是不建议每天都泡哟！

酿酱：
豆制瓷酱调自尝

酱作为调味料，在中国有悠久的历史，早在《周礼》中就有关于酱的记载。南宋诗人陆游曾写下"折莲酿作醯（xī），采豆治作酱"这样的诗句，证明古人正是用豆来做酱的。一颗颗小小的豆子，是怎样化身成鲜香味美的酱的呢？

一、蒸豆子

在农历十二月和正月，挑选成熟饱满的黑豆放入笼屉中蒸。其间不断翻动，确保豆子均匀受热。等豆子蒸熟后，将其晒干备用。

二、脱衣

为了好脱皮，需要先将晒干后备用的熟豆子蒸一遍，然后晒上一天，再用杵臼（jiù）捣豆子，最后用簸箕筛出完好的豆子，并放进热水里。这样处理后，人们就能轻松用手搓掉豆子的皮了。

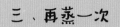

三、再蒸一次

将去皮的豆子捞出来沥干水分，放入笼屉，再蒸上一顿饭的工夫，随后取出，摊在干净的席子上冷却。

四、入瓮密封

取1份盐、2份黄蒸（一种酱曲）、2份笨曲（一种酒曲），充分晒干后，和6份蒸好的豆子混合搅拌后，装入瓮中，用力压实。最后扣上盖子，用泥巴密封，避免漏气。

五、开封取酱

腊月等 35 天，正月或农历二月等 28 天，农历三月则等 21 天，瓮里的酱会干燥开裂，和瓮壁脱离。这时候，就可以将酱拿出来用手捏碎成块备用。

六、调制汁水

按照体积 10:3 的比例，将盐泡入井花水，搅拌后静置，取上层清澈的盐水备用。向盆中倒入一部分盐水，然后取一些黄蒸放进去，用手揉搓，过滤渣滓后取得黄蒸汁。

再把黄蒸汁和剩余的盐水混合，一起倒入装有碎酱的瓮里，搅拌成稀糊。

七、晾晒酱

敞开瓮口，把酱放在太阳下晾晒，每天用小耙子搅拌几次。10 天后，每天只需搅拌一次。30 天后，可停止搅拌。100 天后，酱就彻底做好了。

豆豉：发酵制鼓味甚绝

除了酱，古人还用豆子做出了豆豉。豆豉跟酱一样也由熟的豆子发酵而成。与酱不同的是，豆豉还保留了豆子原有的颗粒状，而且豆豉最好在气候温暖的农历四五月制作，不适合在过冷和过热的天气制作。

一、准备场地

盖一间茅草屋，屋中挖一个60~90厘米深的大坑。开一个仅容一人进出的小门，用秸秆编成厚帘子，遮住门口。窗要用泥巴封住，避免风和虫鼠从缝隙进入。

二、煮豆子

准备一堆干燥的陈年大豆，用簸箕扬去杂质后，放进大锅里煮。用手掐豆子，感觉软软的，便可以了。

将豆子捞出，沥干水分，摊开冷却。

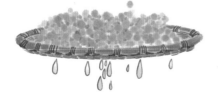

三、堆豆子

把煮熟的豆子在茅草屋地上堆成高耸的圆锥"塔"，其间不断翻动，将热的豆子往外耙，冷的豆子往里堆。

等豆子的外表长出一层白色的"衣服"，就把豆子堆耙平。

四、封闭发酵

穿上"白衣"的豆子依旧要不停翻动，等到豆子身上的"白衣"开始变"黄衣"，就把豆子平摊，平摊厚度大约10厘米，然后放在茅草屋里密封3天。

约10厘

五、簸去黄衣

3天后，将豆子全部挪到茅草屋外头，用簸箕慢慢地扬去"黄衣"。

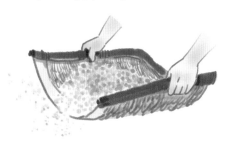

六、洗豆子

将簸过的豆子放入装有清水的瓮里，快速搅动，清洗豆子。

沥出半筐豆子，一边淋水，一边快速摇动筐子，直到筐里流出的水变清为止。

将洗净的豆子沥干水分，均匀地摊在干净的席子上。

七、二次发酵

在茅草屋的大坑底部铺上一层厚厚的麦糠，盖一层席子，把豆子全部放进去，用力压实。

然后在豆子上盖一层席子，再铺一层麦糠，用力压实。这样麦糠就能帮助豆子保暖防潮了。

贾公说农

夏季捂10天，春秋季捂12或13天，冬季则要捂15天，豆豉方能制成。

豆豉是美食界的灵魂调料，可以调味增香。麻婆豆腐、回锅肉等佳肴在制作过程中都需要用到它！

庖馔

舌尖上的美味

在古代中国，人们珍视收获的食材，深信经过巧妙烹饪，食材才能真正发挥它们的价值。《齐民要术》中就记载了许多古法菜谱。

在书中，你将会看到古人会用小米、小麦等原料制作出各种的面食；用独特的烤肉技巧，让羊肉沾上竹子的清香。他们还会包粽子、制作麦芽糖，就连最普通的蔬菜都能通过控制火候和调味，制作出令人胃口大开的美味佳肴。

让我们一同探寻这些古老菜品，看看它们与现代美食有哪些相似之处。

面食：白面如玉古韵香

在南北朝时期，所有以水调面做成的面食都被叫作"饼"。

汤饼

这是古代版的"面条"，需要放在沸水里煮熟，但具体做法和现代面条有差异。

一、搓成面棍

准备一份用筛子筛过的面粉，加入放冷的肉汤，和成面团，再揉搓成拇指粗的面棍。

这有点儿像我们现在的面片汤，为了丰富口味，还可以在里面加入猪肉粒、青菜等辅料。

二、浸泡

把长长的粗面棍切成小段，每段约6厘米长，再放在盆里用清水泡着。

三、压薄成面片

将小面棍按压成韭菜叶那么薄的面片。

四、大火煮面片

大火烧水，水沸后下面片。煮熟的面片雪白诱人，口感爽滑美味。

粉饼

粉饼有点像我们现在所说的"米粉",吃起来滑溜溜的。

在粉饼上浇几勺鸡汤,加几块鸡肉,再撒上葱花,真是香气扑鼻!

一、制作面糊

准备煮沸的肉汤和精细的英粉(由米心制作而成),然后一边加肉汤一边和面,和成可以流动且顺滑的面糊。

二、缝制漏粉饼的工具

找一块干净的方形绸布,在中间掏个洞。然后在牛角制成的薄片上打上一些小孔。再把牛角片扎实地缝在绸布的洞口处。

三、开始漏粉饼

提起绸布的四角,让它变成口袋的形状。把调好的面糊倒入绸布口袋中,并用力挤压,面糊便会从小孔漏入沸水锅中,形成一条条细细的粉饼。

四、煮粉饼

粉饼煮熟后,浇上鲜美的肉汤,吃起来软黏细密,滋味棒极了!

烤肉：人间美味烟火气

南北朝时期的人们想出了一种独到的烤肉方法。用这种方法烤出的羊肉兼具羊肉的肉香和竹子的清香，光是闻闻就使人口水四溢。

一、准备竹筒

取一小节竹筒，削去外表的青皮和竹节凸出的部分。竹节下面要留出一小段，作为手握的地方。

二、处理羊肉

把羊肉剁碎，加上调料和面粉，然后搅拌均匀。

78

三、敷羊肉

将处理好的羊肉均匀地敷在竹筒上。

四、烤制羊肉

将竹筒放在烤炉上烤，等羊肉将要烤熟，且稍微有些干时，就在羊肉的表面刷一层蛋白液，蛋白液烤干后，再刷上一层蛋黄液继续烤。

我烤肉不煳的诀窍是多多转动竹筒，这样肉才能受热均匀。

肉烤熟之后，用刀切成长段，吃起来既美味又方便。

粽子：绿叶裹身肌如玉

在吃米饭这件事上，古人也尝试了不一样的做法。《齐民要术》中就记录了一种粽子的做法，和现代的粽子差不多，口感软糯，还带有植物的清香。

南北朝时期，粽子就已经成为在端午节纪念屈原的食物了。算算日子，端午快到了，我们也来包一些粽子吧。

好的！咱们采摘的粽叶又宽又长，用来包粽子真方便。

除了纯米粽，今年我来试试包一些加有甜枣、咸蛋黄等食材的粽子吧，味道应该也不错！

一、泡稻米

取一些稻米放到清水中泡软。

二、准备小米

取出小米洗净后备用，不需要浸泡。

三、包粽子

摘取新鲜的粽叶洗净，往里面放入一层稻米、一层小米，紧紧包裹住，再用绳子结结实实地捆好。

四、煮粽子

放在锅里煮，一直煮到米粒软烂熟透，这样粽子就做好了！

包粽子手法

1.把粽叶折叠成漏斗形状。

2.往漏斗中放入米和蛋黄等食材。

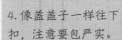

3.捏住提前留出来的叶尖。

4.像盖盖子一样往下扣，注意要包严实。

5.用绳子将粽子紧紧捆住。

菜蔬：布衣素食乐终生

最近，菜园里的茄子和冬瓜陆续结果了，贾思勰决定做上两道素菜解解馋，顺便还把烹饪的方法记录到了《齐民要术》中。

煮茄子

茄子可以说是家常菜里的"常客"了，当时的煮茄法和现在的有异曲同工之妙。

一、改刀

选择还未成熟的嫩茄子，用刀把茄子切成小块。注意不要用铁刀切茄子，否则茄子会变黑。

二、焯（chāo）水

把茄子块放进沸水里焯一下再捞出来，能去除腥气。

三、煸（biān）油

将葱白切碎，放在油里煸炒出香味。如果用酥油，炒出来的香味会更浓。

四、煮熟

把香酱清（酱油）、撕碎的葱白和茄子块一起放入葱油里煸炒，然后加少许清水煮熟，最后撒入姜末和花椒增香。

茄子皮里富含花青素、维生素等营养物质，吃茄子时最好不要去皮哟！

煮冬瓜

冬瓜被称为"夏季第一瓜",脂肪低,水分多,味道清淡爽口。来煮一锅尝尝吧!

一、去皮切块

选择外皮带小绒毛的嫩冬瓜,这种冬瓜做菜最好吃。将冬瓜去皮,切成大大的方块备用。

二、备菜

将白菜、苋(xiàn)菜、韭菜等蔬菜洗净备用。然后把猪肉或肥羊肉煮熟后切成薄片。

三、下锅

铜锅最底层放蔬菜,然后放一层肉片(没有肉可以用酥油代替),接着放入冬瓜,最后放葱白、盐、豆豉和花椒等调料。

冬瓜皮可以清热消肿,削皮时只需要削去最外层薄薄的表皮,这样的冬瓜煮出来会更有营养!

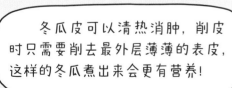

四、焖煮

往锅里倒水,刚好没过食材。开火焖煮,冬瓜煮熟就可以食用了。这样煮出的冬瓜味道鲜美,很下饭。

麦芽糖：给岁月加点儿甜

南北朝时期，我国的黄河流域几乎没有甘蔗，所以那时黄河流域的人们一般会利用谷物中的淀粉来制糖。一起来看看，人们如何把一粒粒带芽的小麦变成香甜的麦芽糖吧！

一、加工原料

准备一份长出白芽的散麦粒，细细地剁成碎末。然后选取一些精米，淘洗干净后蒸成米饭，再将米饭摊平散热。待米饭温热时，便倒入麦芽碎末，充分混合均匀。

二、默默酝酿

找一个底部有洞的瓮，用东西封住洞之后，将混合物放进瓮里，再封好瓮口。用被子或秸秆包裹住瓮以保温。冬季放一整天，夏季放半天，就可以把瓮拿出来了。

三、过滤汁水

将沸水浇入瓮里，瓮中水面大约上升 30 厘米就够了。然后充分搅和瓮里面的东西，再将瓮静置约一顿饭的工夫。然后拔掉瓮底的塞子，仅让里面的汁水流进干净的大木盆里。

五、盛放麦芽糖

熬好的麦芽糖降温后，便将其盛进容器里保存，晾凉后就可以随时取出来吃了。

四、开始熬糖

先盛一小部分汁水进锅里，小火熬煮，其间不停用勺子搅拌，避免煳底。待汁水沸腾，就再加两勺汁水，直到把所有的汁水都熬煮完，最终都将熬成麦芽糖。

好甜啊，比蜂蜜还香甜！

麦芽糖好吃，却不能贪嘴。适当吃一些可以补脾益气、润肺止咳，但吃多了，可是会长蛀牙的！

小小劳动家：炒个拿手菜

厨房里的调味料可真多啊！酸甜苦辣咸，每种味道都有。快来亲自动手，做一盘好吃的西红柿炒蛋来犒劳爱你的爸爸妈妈吧！

一、将西红柿去皮切块

用刀在西红柿的表皮上浅浅划个"十"字，放入开水中浸泡一阵。这样能快速完整地剥掉西红柿的皮。

去皮后，将西红柿对半切开，切掉底部的蒂，再切成小块。

二、准备调味料

准备一些葱白末，再切一点儿翠绿的嫩葱花。再准备好调料：盐、糖、番茄酱、白醋、生抽。

三、准备鸡蛋液

搅鸡蛋的时候滴入几滴白醋，可以让鸡蛋搅得更散，且没有腥味。用筷子搅拌碗里的鸡蛋，直到表面冒出大大小小的气泡。

四、炒鸡蛋要看准时机

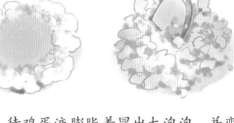

开火，在干燥的锅中倒入一些食用油，油热后，便倒入搅好的鸡蛋液。

待鸡蛋液膨胀着冒出大泡泡，并变成嫩黄色，就立即用铲子搅动，将鸡蛋炒散，然后盛进碗里。

五、炒西红柿

在锅里倒入少许油。油热后，放入葱白末，煸炒出香味。

然后倒入西红柿迅速翻炒，炒出汤汁。再根据个人口味适量添加糖、盐、生抽。

喜欢汤汁多一些的可以加点儿清水。

加入一大勺番茄酱，可以让菜的酸甜味更加浓郁。

盖上锅盖，小火煮3~5分钟。

六、出锅装盘

倒入炒熟的鸡蛋，开大火翻炒，让鸡蛋充分吸收汤汁。

关火，将西红柿炒鸡蛋装盘，然后撒入一小把葱花调味，完成！

技艺

独门技艺很厉害

　　《齐民要术》还记载了一些精湛的技艺，这些都是古代匠人智慧的结晶。

　　古代匠人能巧妙地从植物中提取不同颜色的染料，从兽皮中熬制出用作黏合剂的胶，用动物毛发和松烟灰制作出文人墨客所钟爱的毛笔和墨锭（dìng），还能用植物制作一些化妆品……

染色：新采红蓝染袜罗

早在新石器时代，我们的祖先便开始用植物做染料，给衣服染色。到了北魏时期，从植物中提取染料的技术就更成熟了！

红花取红

一、花瓣变花泥

将红花（一种菊科植物）花瓣放进容器捣碎，弄成花泥，用清水淘洗一次。

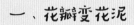

然后将花泥装进布袋里，像拧衣服那样用力地拧，挤出汁液。

二、慢工出细活

把拧干的花泥捣碎，然后用一份发酸且澄清的小米饭浆淘洗这些捣碎的花泥。

把淘洗后的花泥放进布袋再拧一次，这次拧出的汁水不要浪费，收集起来也可以用来染色。

三、给花泥换个"家"

将拧干的花泥放进瓮里，瓮口用布盖住。

四、晒干

次日，将花泥取出，捣碎后，在席子上彻底晒干。这样红色染料就制成了。

蓼（liǎo）蓝取蓝

一、挖一个土坑

农历七月，先挖一个能容纳 100 把蓼蓝的四方体土坑。然后用麦糠拌泥，把土坑的四壁和底部均匀地抹上一层。再把草帘贴在四壁上。

二、给蓼蓝"泡澡"

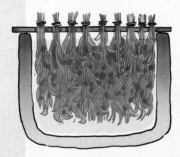

将蓼蓝从田地里割下来，然后倒挂在土坑里。往土坑里灌水，让蓼蓝在土坑里泡着，热天泡一夜，冷天泡两夜。

再对坑中汁水进行过滤，将滤去残渣的汁水装进瓮里。

三、加入石灰

石灰可以吸附汁水中蓝色色素，形成蓝色沉淀。向瓮里加入石灰，石灰的加入体积要根据瓮里汁水的体积来定，石灰与汁水的体积比例为 3:200。把石灰加入瓮里后，立即快速搅拌。

等沉淀物全部沉入瓮底，便倒掉上层的清水。

四、浓缩

单独挖一个小土坑，把瓮里的沉淀物倒进土坑里。等坑底的沉淀物晾至如同浓粥，便可收回瓮里。蓝色染料便制成了！

煮胶：兽皮水煮凝为胶

平日里，我们会用胶水来粘贴东西，十分方便，但胶水其实很早就出现了！古人发现用兽皮可以熬出黏黏的胶，他们用这些胶作黏合剂，运用到生活中。

你选的牛皮真好，毛少皮厚，出胶多。

一、准备

农历二月、三月、九月和十月，是做胶的好时机。天气如果太热，胶很难凝结成块；天气太冷，胶就会裂开，影响黏合力。在这些日子收集一些兽皮原料，如水牛皮和猪皮，开始制胶。

二、浸泡

在水井边挖个土坑，用来浸泡兽皮。四五天后，兽皮全部泡透泡软了，再仔细洗干净，不留半点泥土。

三、煮兽皮

无须刮毛，直接将兽皮割成小块，放入锅里熬煮，其间用木勺不停搅拌。

四、看胶

熬煮时，锅里要保持足量的水，水少了需要及时添加。熬煮一天一夜后，皮已经烂熟，用勺子盛一点儿胶汁往下滴，如果最后一滴有黏稠的状态，就代表胶熟了。

五、过滤

取一个干净的大木盆，在上方放一个架子，架子上铺一层蓬草。

用大瓢舀出胶汁，倒在蓬草上，滤掉渣滓后，滴入盆中。

七、脱胶

第二天清晨，把木盆倒扣在席子上，让凝固的胶脱出来。再找来一段结实的细线，用它作切割工具，将胶切分成小块的薄片，这便是胶片了。

六、冷却

将木盆放在屋里静置一晚，让胶汁自然冷却凝固。木盆不必加盖子，否则水蒸气会凝结成水珠，滴入胶汁里，胶就不会凝固了。

无论是像造船制车这样的大工程，还是像粘鞋底这样的小手工，都能用到我们制作的兽皮胶！

93

制笔：精梳细理 毛笔成

一、梳理毛料

取来兔毫毛和青羊毛，放在水盆中，用铁梳子梳理调顺，清除掉那些弯曲杂乱和不干净的毛。

二、拍打整齐

用梳子的背部分别用力拍打两种毛，打成又扁又薄的两片，让毛发均匀齐整。

你用过毛笔吗？毛笔有软软的笔尖和长长的笔杆，古人用它写字作画，留下了许多惊艳的传世佳作。那古代的毛笔到底是怎么制作的呢？一起来看看吧！

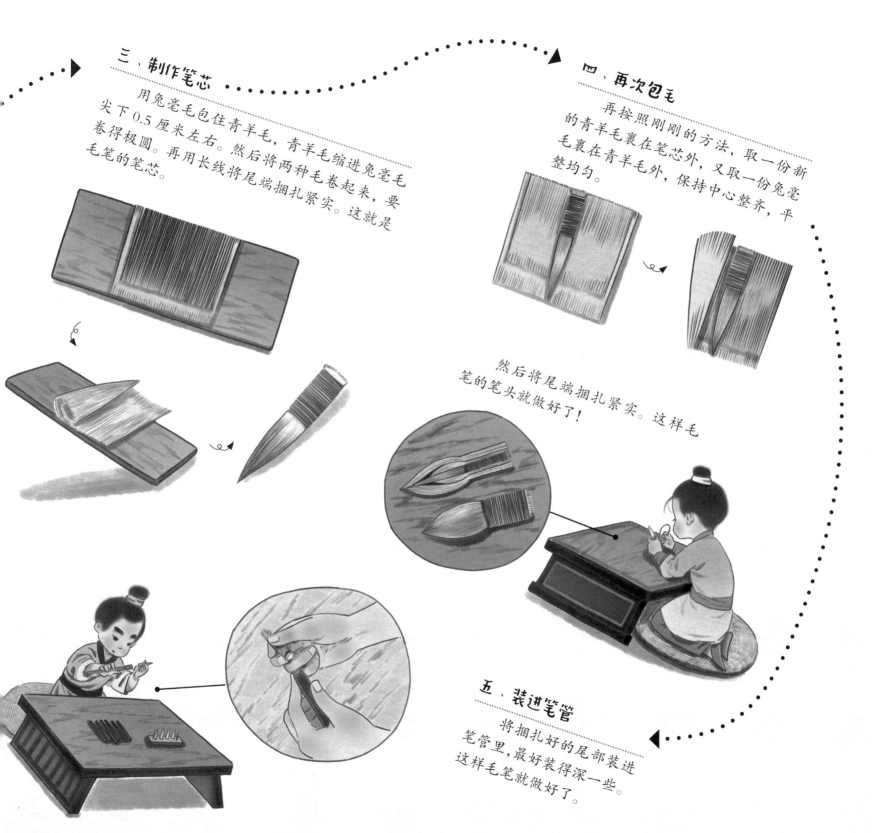

三、制作笔芯

用兔毫毛包住青羊毛，青羊毛缩进兔毫毛尖下 0.5 厘米左右。然后将两种毛卷起来，要卷得极圆。再用长线将尾端捆扎紧实。这就是毛笔的笔芯。

四、再次包毛

再按照刚刚的方法，取一份新的青羊毛裹在笔芯外，又取一份兔毫毛裹在青羊毛外，保持中心整齐，平整均匀。

然后将尾端捆扎紧实。这样毛笔的笔头就做好了！

五、装进笔管

将捆扎好的尾部装进笔管里，最好装得深一些。这样毛笔就做好了。

制墨：墨出青松之烟

古人认为"笔墨相依"，想要创作一幅好作品，不但需要一支好的毛笔，一块上好的松烟墨也必不可少。

一、收集松烟

选取优质的松木放在窑里焚烧，然后收集窑壁内的松烟灰。

二、过筛杂质

将松烟灰仔细捣一遍，然后用筛子在缸里筛掉草屑、细沙等杂质。松烟灰极轻极细，不要在缸外筛，否则松烟灰会飞扬出去，十分可惜。

三、加胶浸泡

将松烟灰、质量上好的胶浸泡在梣（chén）皮汁中（松烟灰和胶的质量比例是 16:5）。梣皮就是梣树皮，也叫秦皮，是一种清热解毒的中药材。它可以令胶充分溶解，还能让墨的颜色更好。

四、加入配料

还可以适量加入鸡蛋的蛋白液、朱砂、麝（shè）香。注意要将后两种材料捣碎，研磨成粉，再用细筛筛过后，才能加入。

五、捣墨

将所有材料混合均匀，混合物宁可干而坚硬，也不要过于湿软。然后将混合物放到铁臼里反复地捣，捣的次数越多，形成的墨的质量越好。

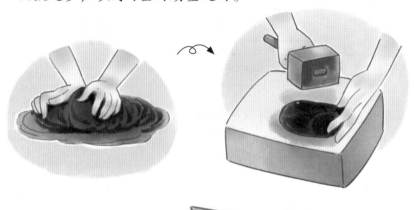

六、定型

将捣好的墨放在模具里定型，做成墨锭。墨锭一般要做得小一些，不要做得太大。

墨锭怎么用？

用的时候在砚台里加几滴清水，将墨锭平稳地放在砚台上反复研磨，一边磨，一边少量多次加水，直到研磨出漆黑的墨汁，便可以蘸墨创作了！

古妆：小轩窗，正梳妆

你可能想象不到，古人的美妆理念有多超前，他们可是讲究从头到脚的全方位护理！养发、彩妆、护肤……样样不落。大自然中的植物就是他们变美的秘诀！

香泽

香泽是一种有香气的头油，可以滋养头发，让头发顺滑有光泽。

一、酒浸香料

准备一个丝绵缝制的小包，将丁香、藿（huò）香、豆蔻（kòu）、泽兰香4种香料放入其中，然后浸泡到上好的清酒中。

二、煮出香泽

将芝麻油、猪油和泡过香料的酒倒入小铜锅里反复煮沸。

再加入浸泡过的香料，用小火慢煮，直到把水煮干。出锅前，加入少量青蒿，可以让香泽颜色更好看。

三、装瓶储存

出锅，将香泽倒在瓶子里保存。注意倾倒时，用丝绵盖住锅嘴和瓶口，便可滤出无杂质的香泽。梳头时，瓶中的香泽可随取随用。

胭脂

胭脂是古代最流行的彩妆之一。但你一定想不到，能让脸蛋儿变得红扑扑的胭脂里头，居然加了做饭用的白米粉。

一、取清灰汁

用热水淋草木灰，一共淋3遍，留下第3遍淋出的清灰汁备用。

二、揉花取红

在清灰汁中揉红花，要揉上10多次。这是为了让红花中的红色色素溶到清灰汁中。

三、拧出酸汁

将揉花后的清灰汁装进布袋里，用力拧，拧出的红色汁液放进瓷碗中备用。

取两三只酸石榴，连肉带籽捣烂，加一点儿极酸的小米饭浆水，混合均匀。然后将混合物放入布袋里，拧出酸汁，倒入盛有红色汁液的瓷碗中和匀。

四、加入白米粉

再往瓷碗中加入一块酸枣大小的白米粉，用无水无油的筷子搅拌后，盖上盖子，静置一段时间。

五、晾晒定型

到了晚上，倒掉瓷碗中最上面的清汁，将留下的沉淀物装入用绸布做成的袋子中，挂起来风干。晾到半干的时候，将绸布袋中的固体捏成一块块小饼。等完全晾干后，便能获得一块块胭脂了。

99

将香粉涂抹在身上，能使皮肤白嫩光滑，自带芳香。

香粉

一、瓮中泡米

选取纯净的高粱米或小米，反复清洗后，放入瓮里，用冷水浸泡。春秋季节泡1个月，冬季泡2个月，夏季泡20天。其间不要换水，泡臭泡烂才好，泡得越久，最终获取的香粉的粉质越细腻。

二、磨米滤汁

日子一到，在瓮里用清水反复淘洗泡好的米，直到去除异味。然后倒一些到砂盆里，研磨后加水搅拌，再装进绢布袋里过滤，滤出的汁液用另一个瓮单独存放。反复多次进行，将泡好的米统统研碎过滤。

三、搅拌澄清

用力搅拌滤出的汁液，然后静置，等澄清后舀出上层的清水，将下层的混浊液体倒入大盆里，用木棍朝一个方向搅拌300多圈。

再盖上盖子，静置一段时间，舀去上层清水，留下下层的沉淀也就是湿粉。拿3层布贴在湿粉上，布上盖一层小米的米糠，再放一层灰。灰湿透后，就换上干的灰，直到灰不湿为止。

四、晒干揉粉

最后，将盆中这一大块粉的边缘切掉，留下中间圆鼓鼓的部分，这部分的粉有光泽。在一个无风无尘的大晴天，用刀将粉切成片，放在太阳下晒干。

用手使劲揉搓晒干的粉片，弄成细细的粉末，装在小盒子里，再放入整颗丁香，香气浓郁。

手药

这是古人的护手霜，散发着植物清香，可以润肤防裂。

一、揉猪胰汁

把猪胰脏上的脂肪、筋膜等杂质剔除干净，然后加上青蒿叶子，放在好酒里使劲揉搓，搓出滑腻的汁液备用。

二、桃仁入酒

取 27 枚剥掉黄色外皮的白桃仁，碾碎后泡在酒里。

将泡好的桃仁酒汁过滤出来，倒入猪胰汁里。

三、浸泡香料

然后把丁香、藿香、甘松香和 10 颗敲碎的橘核用丝绵包裹，浸泡在猪胰汁里。将这些都放在一个瓷瓶里保存，手药就做好了。

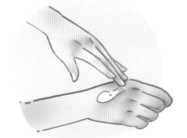

四、涂抹手药

洗手后擦干，将手药均匀涂抹在手上，可以使手部皮肤变得柔软滑嫩，就算到了冬天，皮肤也不会因受冻而裂开。

古人的一年

《齐民要术》还记载了南北朝时期，黄河流域的人们一年中的主要劳动。以下是部分展示。

正月 调配药膏

正月里，有些人会在家中制作药膏、药丸，以备遇到小伤病时使用。

二月 修理门户

蛰伏一冬的小动物快要醒来，农民会修整门窗，避免它们闯入。

三月 修整沟渠

趁着农耕等重活儿还未开始，可以做一些类似修整沟渠的工作。

四月 养蚕结茧

蚕已经开始上蔟结茧，需要提前准备好纺织机。

五月 田地施肥

此时有些庄稼正处于生长期，施肥能提高土地肥力，促进庄稼生长。

六月 纺织丝绸

负责纺织工作的女子要开始纺织丝绸了，同时还要准备植物染料。

七月 酿酒晒衣

阳光正好,适合制作酒曲,晾晒衣服、经书。

十月 举行乡饮

此时天气冷暖变化大,农民正好休息聚餐。

八月 遍地丰收

大丰收啦,辛劳的农民要开始收割和储藏粮食。

十一月 肉酱飘香

在厨房中熬煮肉酱,满室飘香又温暖。

九月 准备寒衣

快换季了,可以洗净旧衣,准备新的寒衣。

十二月 修理农具

冬季是农闲时期,农民会保养农具,以备来年使用。

南方田野有什么？

杨桃

橄榄

拐枣

雷柚

杨梅

橘子

甘蔗

椰子

枇杷

《齐民要术》中还详细记录了当时南方种植的许多热带和亚热带植物，因此这本书被认为是我国最早的"南方植物志"。小读者们，你们能将下面的南方植物认全吗？

龙眼

红毛丹

芭蕉

油柑

香橼

豆蔻

荔枝

空心菜

茭白

木棉